U0312890

景观速写
——马克笔的语言

胡祥龙◎著

安徽师范大学出版社
ANHUI NORMAL UNIVERSITY PRESS
·芜湖·

图书在版编目（CIP）数据

景观速写：马克笔的语言 / 胡祥龙著 . — 芜湖：安徽师范大学出版社，2021.4（2022.7重印）
ISBN 978-7-5676-3604-0

Ⅰ.①景… Ⅱ.①胡… Ⅲ.①景观设计 – 速写技法 Ⅳ.①TU983

中国版本图书馆 CIP 数据核字（2021）第 049760 号

景观速写——马克笔的语言

JINGGUAN SUXIE ——MAKEBI DE YUYAN

胡祥龙◎著

责任编辑：桑国磊
责任校对：李　玲
装帧设计：王晴晴
责任印制：桑国磊
出版发行：安徽师范大学出版社
　　　　　芜湖市北京东路1号安徽师范大学赭山校区
网　　址：http://www.ahnupress.com/
发 行 部：0553-3883578　5910327　5910310(传真)
印　　刷：安徽联众印刷有限公司
版　　次：2021年4月第1版
印　　次：2022年7月第2次印刷
规　　格：880 mm×1230 mm　1/16
印　　张：7
字　　数：105千字
书　　号：ISBN 978-7-5676-3604-0
定　　价：68.80元

如发现印装质量问题，影响阅读，请与发行部联系调换。

速写:心灵与自然的契合

什么是速写?

心有所想,每每看到外部世界心里即不安稳,我追寻在街头巷尾,追寻在异域他乡。看见不同的建筑,我便怀揣着各种心情,用简单的线条,简单地表达。呼吸自由自在的空气,在那片天空,一定有自由飞翔的鸟。人是复杂的,却热衷追寻简单的快乐。说我是为了记录也好,为了传达视觉感受也好,我更乐意说是在记录自己的内心。我看着那座山岭,看到一棵棵倔强生长的树。我所觉得的安稳,便是从中攫取灵魂的美与感动的过程。树下清澈绿荫恬静,芬芳透彻。万物有灵且美。

我喜欢说自己是一个粗糙的手艺人,自由发挥着对所见所想的感受,快则30秒,慢则半小时。我喜欢速写这种直奔主题的表达方式。用线条抒写自己的内心,不受材质、技巧的限制,自由地发挥,自由地表达透视感、延伸感。用构图和建筑沟通,用线条的疏密、笔触的节奏、体块的明暗,构建画面不同的氛围。我不断体会到更好的角度,发现一次次难以逾越的美感,浓的、重的、暗的、亮的、虚的、实的。每一次新的尝试,都带给我新的感觉。我的速写常常用不一样的构建方式,也常常不过分强调技巧,仅仅是直接地表达最简单的速写效果。

速写从来就不讲究面面俱到,而是突出主次分明、虚实有度,引导似的去表达对事物的感受。直接勾勒,不用犹豫不决,不用仔细斟酌。用色调、阴影、色彩,表达建筑带给你的感受,这样才更能打动人。

速写要时常练,这样才可能挥洒自如。对于线条把握要灵敏,对于画面的表达要注重自己内心的感受,这样才可能画出大胆奔放、流淌的线条乃至整幅有个人风格的景观速写。

速写的本意是要培养分辨力和表现力,因此我认为学习速写实际上不是学习速写的方法,而是研究对象。观察对象的直接性和感受对象的敏感性是我尤其看重的。我反对无休止地沉溺于"光影""块面"之中,推崇用自己真实的眼光看世界。速写的表现风格是真情实感的自然流露,样式上的东西如不能与感受相统一,便无的放矢,会使速写陷入一种空泛的形式游戏中。

画者如果始终把精力和时间停留在程序性的视觉运用上，则难以发现与创造新颖的视觉语言，最后可能得到的只是一个造型上空洞的框架，或是他人表现手法肤浅的套用。我认为通过自己真实的观察，感受对象的直接性，才能在表现上不落窠臼，使自己的心灵与自然规律二者契合。

这便是打开速写艺术表现之门的钥匙。

目　录

材料

针管笔

市面上最常见的针管笔有樱花和三菱两个品牌，两种不同品牌的笔在手感和效果上并没有太大区别。针管笔的型号主要以粗细区分，粗细不同表现出的效果也不同。比如0.2 mm到0.5 mm的针管笔可以用来表现线条，而软头、毡头针管笔则可以用来表现面。一幅速写不可能只用一种笔，而是需要不同粗细软硬度的笔配合，这样才能使画面完整并富有层次感。但须注意，不能用力过猛，不然针管笔笔头容易开叉损坏。

0.2 mm针管笔笔迹

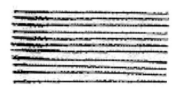

0.25 mm针管笔笔迹

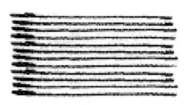

0.35 mm针管笔笔迹

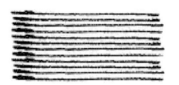

0.45 mm针管笔笔迹

0.5 mm针管笔笔迹

毡头针管笔笔迹

铅笔

　　铅笔总体上来说分为硬铅和软铅。铅笔芯越硬，画出来的线条颜色越浅；铅笔芯越软，画出来的线条颜色越深。一般在速写中HB到8B铅笔的应用比较普遍，不同型号的铅笔单独或者组合来用，能呈现出不同的纹理和层次。铅笔中还有一种炭铅笔，炭铅笔最大的特点在于画出的线条比普通铅笔更加柔和，易于表现层次，但是画面不容易保存。

HB 铅笔笔迹

2B 铅笔笔迹

4B 铅笔笔迹

6B 铅笔笔迹

8B 铅笔笔迹

炭铅笔笔迹

马克笔

马克笔拥有很多颜色和笔尖形状，但其体积较大、品种多，外出携带不太方便。方头马克笔画出的线条可以随笔尖角度的变化而改变，而圆头马克笔画出的线条更加流畅圆滑。圆头马克笔多用于黑白速写的后期上色，初学者可以少量购买。

马克笔有油性和水性之分，水性马克笔容易退色，尤其在阳光照射下更是如此。但对于速写来说这一点没有太大的影响。

油性马克笔不易退色，碰到水也不会渗化，而且可在表面比较光滑的纸或物体上绘画。

方头马克笔正面笔迹

方头马克笔侧面笔迹

圆头马克笔笔迹

马克笔

钢笔

　　钢笔是学习建筑速写时最常用的工具。由于具有便于携带和可以存储墨水的特性，钢笔受到许多初学者的喜爱。不同类型的钢笔有不同的金属笔尖，可以画出不同效果的线条，营造出不同的层次和效果。

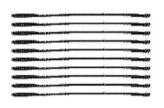

英雄359钢笔笔迹

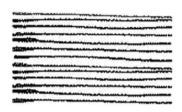

英雄1303钢笔笔迹

透視

透视法是将二维平面图转化为三维图形的方法。掌握好透视的规律和基本原则，才能为画好建筑速写打下基础。

学习透视法需要掌握的基本原则如下：

1.地平线与视平线通常来说是一致的。

2.消失点可以有一个、两个或者三个，具体要根据观察位置和物体的关系而定。

3.消失点始终处在地平线上。

一点透视

一点透视又叫平行透视，画面只有一个消失点，物体的立面与视平线垂直，其余面由消失点延伸至物体立面形成。

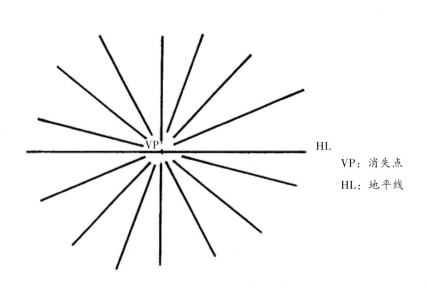

VP：消失点

HL：地平线

一点透视规律图

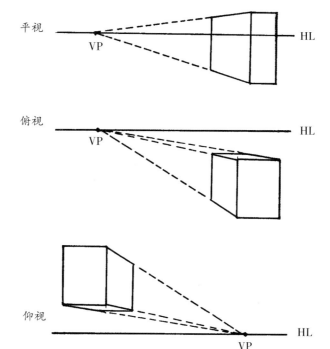

单个物体的一点透视

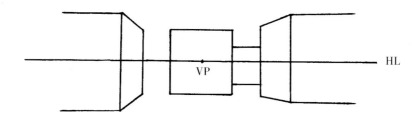

一点透视立体概念图

生活中的一点透视

2015·11·17

速写中的一点透视

两点透视

两点透视又叫成角透视，画面有两个消失点，物体的立面与视平线垂直，其余平面的延伸线消失于左右两侧的消失点。

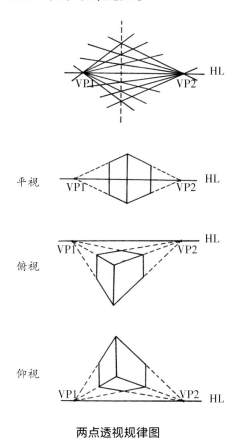

两点透视规律图

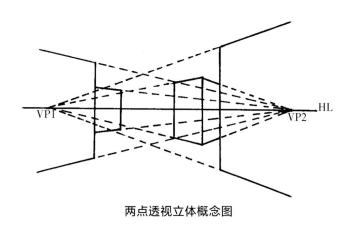

两点透视立体概念图

三点透视

三点透视又叫倾斜透视，是指对一个物体进行过大的仰视或者俯视时产生的效果。当我们仰视时，由于视角过高，原有的平行于地平线的平行垂线消失于天点或者灭点，所形成的透视就叫作三点透视。

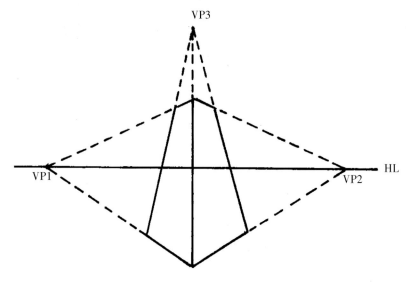

三点透视规律图

速写中的三点透视

技法与步骤

马克笔运笔技法

马克笔运笔技法一般分为点笔、线笔、排笔、叠笔、乱笔等。

点笔——多用于一组笔触运用后的点睛之处。

线笔——可分为曲直、粗细、长短等变化。

排笔——指重复用笔的排列，多用于大面积色彩的平铺。

叠笔——指笔触的叠加，体现色彩的层次与变化。

乱笔——多在画面或笔触收尾时使用，形态往往随作者的心情而定，也用于慷慨激昂之处，但需作者对画面有一定的理解力与感受力。

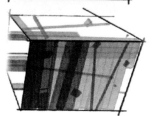

马克笔运笔技法图示

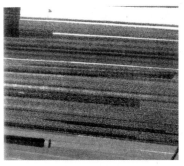

马克笔笔触对比图示

对比与联系法则

对比与联系是马克笔艺术表现中最常用的一种法则。景观速写效果图的多方面因素只有通过对比与联系法则才能表现出来，才有活力，笔触的运用也是如此。

马克笔笔触表现中的对比主要包括以下几种：面积的对比、粗细的对比、曲直的对比、长短的对比、疏密的对比等。

对比成立的前提条件是联系。强调对比就是寻找变化。没有联系的变化是杂乱的，也是无力的，强烈对比的极限就是保持联系的底线。变化丰富而不显繁杂，实则是联系稳定、统一有力。

马克笔表现技巧

　　马克笔色彩种类丰富，全部按序排列后，每个颜色之间区别不大。画受光物体的亮面时，要选用同类颜色中稍浅些的颜色。在物体受光的高光位置留白，然后再用同类稍微重一点的色彩画一部分叠加在低亮度的浅色部分上，这样便在物体同一受光面表现出三个层次。画物体背光处时，用稍有对比的同类重颜色。画物体投影明暗交界处时，可用同类重色叠加重复数笔。物体受光亮部的高光处要提白或点高光，这样可以强化物体受光状态，使画面生动，强化结构关系。

　　物体暗部和投影处使用的色彩要尽可能统一，尤其是投影处可再重一些。画面整体主要靠受光处不同色相的对比、整体的冷暖关系以及亮部留白等构成丰富的色彩效果。画面的暗部结构与整体要协调统一，即使有对比也只能是微妙的对比，切忌太强的冷暖对比。

　　画面中的纯色，要慎重使用，因为用好了画面会丰富生动，但用不好画面会杂乱无序。当画面结构复杂时，投影关系也随之复杂，此种情况下纯色要尽量少用，若用，则面积不要过大、色相不要过多。相反，画面结构关系单一时，可用纯色丰富画面。

　　趣味中心是画面的精华之处，是画面的"眼"，也即设计师所要表现的重点之所在，有了它画面就会生动有趣。一张效果图可以有一个或多个趣味中心，构成具有视觉传达功能的有趣画面，但一张图万万不可面面俱到，要有一定的取舍，更不能因趣味中心而"喧宾夺主"，要突出重点。

植物的画法

1.植物组合的绘制，要注意乔木的前后关系。

2.从亮部的浅色开始绘制，并确定面积最大的主色调。

3.随着植物色调的深入，注意冷暖关系。

4.完善画面，强化明暗和色调对比，丰富空间层次。

单体的画法

1.绘制草图。

2.绘制正稿。

3.画面深入和调整。

4.画面收尾和完善。

景观建筑的画法

1.钢笔速写部分，要确定好素描关系，即明暗、色调、主次、虚实等。

2.颜色处理把握两个顺序，即从亮部或浅色调的地方开始，从主体建筑开始。

3.马克笔颜色如同水彩，具有透明属性，颜色覆盖的秩序是先浅后深，逐步深入。

4.亮部浅色完成后衔接中间灰色调。随着对画面塑造的深入，用深色加强对比。最后完成配景。

室内场景的画法

1.草图策划阶段。这一阶段主要解决两个问题：构图和色调。构图是一幅图成功的基础。不重视构图的话，画到一半会发现问题越来越多，大大影响画者作画的心情，最后效果自然不理想。草图策划阶段还需要注意透视。通过透视，确定主体，形成画面的趣味中心。另外，各物体之间的比例关系、配景和主体的比重等也需要小心对待。

2.正稿绘制阶段。这一阶段没有太多的技巧可言，完全是基本功的体现。画者需要把混淆不清的线条区分开来，形成一幅主次分明、趣味性强的马克笔画。用笔要尽量流畅，一气呵成，切忌对线条反复描摹。刻画要分主次，先画前景，后画后景，避免不同物体轮廓线交叉，并在这个过程中上明暗调子，逐渐形成整体画面。前景中对比，中景强对比，背景弱对比。

3.画面调整阶段。这一阶段主要有深入刻画、色彩调和、空间层次处理三个层面。其中上色是最关键的一步，笔触不要有太多的停顿，几种颜色之间的衔接要快，使其迅速溶到一起。笔触不能太强，以免呆板。这一过程需要反复练习。哪些颜色叠加到一起能产生好的效果必须记住，以便下次画相同场景时驾轻就熟、事半功倍。很多颜色忌重叠使用，如补色，会使画面变得脏乱，不好修改。

4.收尾处理阶段。这一阶段主要是修改局部，统一色调，对物体的质感做深入刻画。这一阶段有时需要彩铅的介入，作为对马克笔的补充。此外，还有勾勒处理、高光处理、落款签名等，以补充画面，使画面丰富。

技法与步骤

賞析

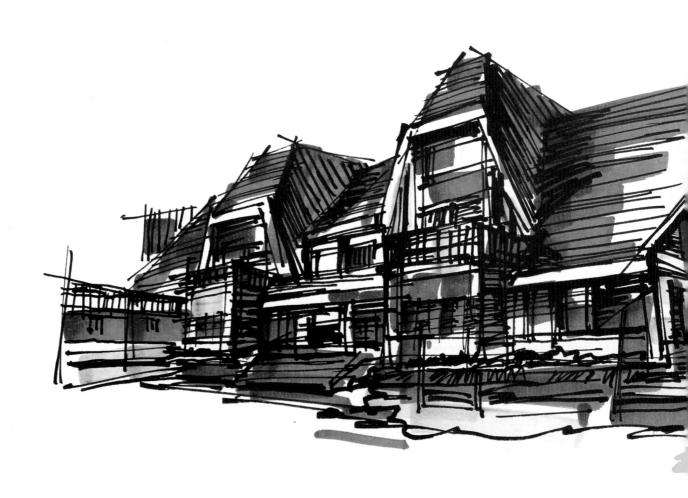

这幅作品即本书的封面作品，其结构特征和明暗对比效果强烈。马克笔本身有很强的深浅推移的明暗表现力，但是，这幅作品的明暗对比效果依赖的却是前期速写部分的明暗塑造，尤其是建筑物屋顶部分的明暗着色，马克笔只着色一遍，这使得在不影响画面前期明暗效果的同时，用流畅的马克笔笔触提升了画面的整体感染力。

　　这幅作品描绘的是一个商业街景，通过顶层建筑的受光效果可以判断整个商业街处于逆光的阴影之中。作品中，暗面颜色的处理透明且层次丰富，颜色冷暖关系准确。

　　这幅作品描绘的商业街景与上幅作品的光源关系相反。商业街的主体建筑处于亮面的受光部分，因此，建筑的结构塑造充分，明暗对比强烈。亮面部分留白，拉开了明暗关系的色阶。

　　这两幅街景作品体现了时代的对比感。上图的建筑、街道，以及少量的车辆和零星的商店体现出一种宁静之感，下图的街道中新式建筑拔地而起，拥挤的车流增加了现代城市的气息。

这幅作品描绘的是欧式建筑群中的商业街道。画面暗部颜色处理层次丰富，建筑结构刻画深入。透过鲜亮的商业招牌的颜色点缀，烘托出浓郁的异域风情。

　　这幅作品中，城市街道上的路灯和车辆，抑或是蓝色小屋与玫瑰红色的篷布，反映出城市街道浓厚的生活气息。

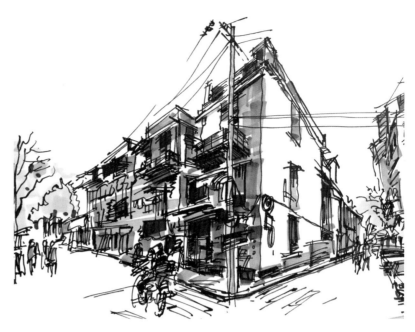

　　这幅作品描绘的是上海的老式民居建筑。画面两边的树木颜色处理，借鉴了国画里晕染的表现手法，不仅增强了画面的空间感，更为朴实无华的建筑和街景增添了别样的诗意和安宁。

　　这幅作品描绘的是泰国曼谷的街道。画面建筑低平，商铺随意，通过植物、车流和商业门面门前幌子的色彩纯度表达出城市潜在的活力。

    这幅作品中，画面中主体建筑的蓝色玻璃幕墙、教堂建筑的样式以及尚在施工中的建筑的刻画，使得画面隐藏着某种难以名状的冲突和不安。

　　这幅作品中，建筑工地的积水和建筑物旁脚手架的刻画，烘托出城市的欣欣向荣之感。

这幅作品中，通过树木的颜色，可以判断是冬天。远山不着一笔颜色，留下"雪"的想象空间；绿色的窗格和人工草坪，显示出建筑主人的生活质量和品味。

这幅作品描绘的是依山而建的别墅建筑。画面主体结构刻画深入，颜色处理重在暗部，色彩整体透明、稳定，主体色调与后面的树木风景统一和谐。

　　这幅农村集市街景作品中，使用了统一的暖色调，商业门面门前绿色植物与红色灯笼以及人物的点缀，加强了画面色彩的对比，也营造了一种节日气氛。

这幅作品中的水景别墅，在蓝天的映衬下，色调为和谐雅致的冷色调。植物用马克笔上色，且中间留白，使画面形成了很好的节奏感与通透感。

　　这幅欧洲的街景画中，主体建筑砖红色教堂是马克笔表现的重点，随着结构的变化和空间的延伸，透明的砖红色上叠加了其他的复合色，表现了教堂的年代感。人群靓丽的着装使得这种年代感仿佛有了具体的表现。

　　这幅欧洲街景画中的建筑刻画，重点表现结构的繁杂和建筑颜色的多样。大部分欧洲建筑都有此特点。

　　这幅作品中，人物的着装、发型和体型以及多彩的建筑，透出了浓郁的北欧风情。

40、41页两幅作品有联系，也有区别。联系是观察角度相同，区别在于对主体建筑一层商铺的刻画有所不同。

40页作品由于正面的视角相对开阔，一层商铺的门面无论是结构的交代还是色彩的表现都相对细致深入。

　　41页作品的一层商铺中，在接近视平线门面部分的处理则较为概括，原因是受近景中人物的影响，这样处理更加有利于空间感的表达。

42、43页两幅作品都有着强烈的空间感，不同之处是光源关系正好相反，一幅受光，一幅背光。两幅作品表现的着眼点，都是抓住距离最近的结构，也是明暗对比最强烈的近景进行表现，进而强化整体空间感的表现。

这两幅作品为同一景观的两次不同描绘。上幅作品，没有略去最近和最远的植物，只是将颜色的表达重点聚焦在主体建筑上。下幅作品，为了主体建筑结构和颜色的充分深入，略去前景的所有内容，将视觉注意力完全聚焦到主体建筑上。

这是两幅街景作品，反映出的风情却有差别。上幅欧洲街景，相对空旷，建筑的几何特征明显，三三两两人群闲游。下幅作品，描绘的是典型的中国街区。颇有年代感的传统建筑、参天大树、密集的人群、拥挤的街道，显示出这是一个有活力的快节奏社会。

　　46、47页两幅作品里的主体建筑都有类似的圆形建筑。46页作品的体量较大，表现时注重整体效果，减少了细节的刻画，强化了色彩的特征。47页作品的主体建筑体量较小，但细节刻画具体，因此塑造得更深入些。

　　这幅作品中，联排高层建筑是现代城市典型的建筑特征，画面着力对高楼底层空间室内光效果的刻画，准确传达了城市生活的质感。

　　这幅作品描绘的是典型的农村集市街景。杂乱的电线、无序的商铺门面、闲散的人群，甚至近景色彩鲜艳的电动车，都透露出农村生活特有的氛围。

　　孤立地看这幅作品中的近景高层建筑，似乎有点向后倾斜，但如果将远近建筑联系起来观察，就不倾斜了。这种夸张的透视增强了高层建筑群宏伟的气势。如此处理要求画者有过硬的透视基础。

　　这幅作品中的商业建筑色调与旁边的住宅楼类似，均为暖色调。这幅作品的
中心在于建筑玻璃幕墙的质感以及底层空间部分室内光源的表现上。

　　52、53页两幅作品描绘的都是别墅景观，区别在于对两种不同光源的塑造和处理。

　　52页作品的光源为全局型的户外光源，在户外光源下，景观内容的形与色比较均匀清晰。

2015.10.27

　　53页作品由于存在树荫，使得别墅处在大面积阴影中。加深的别墅建筑户外色彩，目的在于营造别墅充足的室内光源。

　　54、55页两幅作品描绘的都是村庄里的一栋破败吊脚楼。两幅作品虽然描绘的角度不同，但结构表达准确，细节刻画深入，色彩层次丰富。尤其是马克笔的笔触表达，块面感强烈，笔趣、色趣生动。

这幅作品描绘的是欧洲某处建筑与广场景观。主体建筑逆光的处理，思路明确，整体色彩及明暗变化由深至浅，为处于暗部的广场赢得通透的表现空间，也为右边辅助建筑的明暗穿插获得巧妙的节奏。建筑穹顶上一抹金黄色，体现出建筑的庄严肃穆。

2015·12·2

　　这幅作品描绘的是莱茵河的一段河道景观。以教堂为主的建筑群由实变虚、由近而远，右边河道中的游船排列整齐，安静闲逸，画面空间辽阔。近景逆光的植物与远景受光的植物，在绿色处理上是有差别的，并在适当变化中保持联系和统一。河面的处理不着一笔，增加了河面空间的开阔感觉。

　　60、61页两幅作品描绘的都是独门独栋的住宅。60页的作品是西式洋房，灰色屋顶很适合用马克笔的深浅推移来表现。屋顶上方的一抹暖色与正门的暖色相呼应。61页的作品描绘的是中国传统四合院住宅，绿荫下的大门是画面的中心。门口台阶石材的质感表现，为画面的亮点。

2015.10.16

　　这幅作品描绘的是一座现代风格的建筑。画面右边的假山置景刻画深入具体，室外相对冷的色调与室内暖色光源形成对比。户外露台是浅色调的钢化玻璃材质，用马克笔表现。

　　浅色色阶比较微妙，钢化玻璃的质感是通过暗部反光部分的颜色强调出来的。钢化玻璃本身没有明确的色调倾向，刻画时关键要考虑周围整体的环境色对钢化玻璃色调的影响。

作品

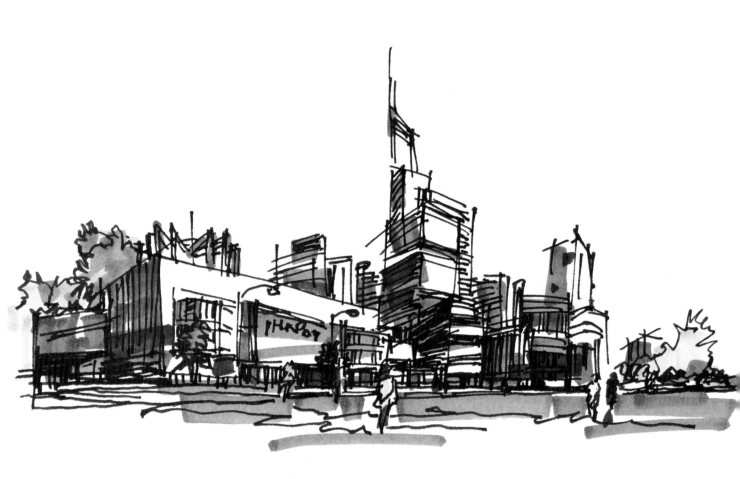

2015.11.11 祁海峰

2015.11.11

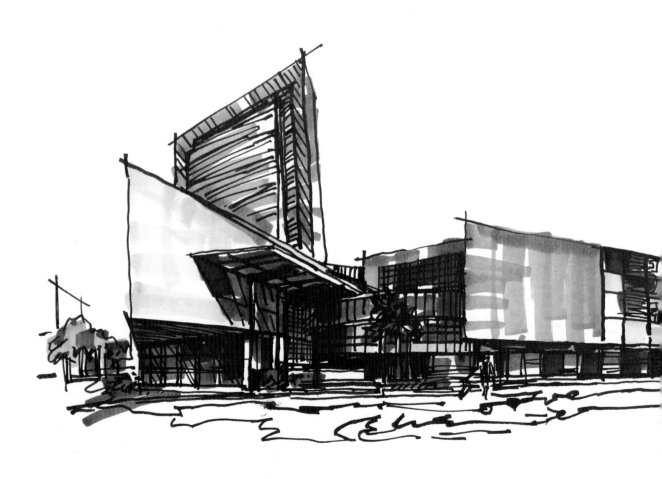

2015.11.11